PLANET EARTH

我的趣味地球课
-博物地球-

张玉光◎主编

自然博物

北方妇女儿童出版社
·长春·

图书在版编目（CIP）数据

自然博物 / 张玉光主编 . -- 长春：北方妇女儿童
出版社，2023.9
（我的趣味地球课）
ISBN 978-7-5585-7725-3

Ⅰ . ①自… Ⅱ . ①张… Ⅲ . ①植物 – 少儿读物 Ⅳ .
① Q94-49

中国国家版本馆 CIP 数据核字（2023）第 161833 号

自然博物
ZIRAN BOWU

出 版 人	师晓晖	
策 划 人	师晓晖	
责任编辑	王丹丹	
整体制作	日知图书 北京日知图书有限公司	
开 本	720mm×787mm 1/12	
印 张	4	
字 数	100千字	
版 次	2023年9月第1版	
印 次	2023年9月第1次印刷	
印 刷	鸿博睿特（天津）印刷科技有限公司	
出 版	北方妇女儿童出版社	
发 行	北方妇女儿童出版社	
地 址	长春市福祉大路5788号	
电 话	总编办：0431-81629600	
	发行科：0431-81629633	
定 价	50.00元	

目录
CONTENTS

地球的忠实守卫者

地球在刚形成的时候，环境十分恶劣，生物很难生存。不过，还好有植物诞生，它们的出现极大地提高了大气中的氧浓度，改善了土壤环境，为生物生存提供了能源、食物和舒服的栖息场所。

我将和大家一起探索植物王国。我们出发吧！

我是无所不知的番茄博士

多种多样的植物

地球上现存植物 30 多万种。它们有的能开出漂亮的花朵，有的一辈子也不会开花；有的能长到一栋楼那么高，有的却只有小拇指指甲盖那么大；有的生活在水里，有的生活在陆地上；有的生活在寒冷的极地，有的生活在炎热的非洲……

美国加利福尼亚州巨杉（北美红杉），能长到 100 多米高。

景天是一种生长在高原的药用植物。

绣球

绣球本来叫"八仙花"，后来因为长得像绣球，人们就喊它"绣球花"了。

景天

松叶蕨

蕨类植物不会开花哦。

加利福尼亚巨杉

★★★☆☆
奇妙星值

生长在印度尼西亚的大王花是世界上最大的花。大王花有 5 个花瓣，直径可达 1.4 米，重可达 15 千克，花中间甚至可装 5 千克水。大王花像粪便一样臭气熏天，人们都离它远远的，蝴蝶、蜜蜂也不愿意靠近它，只有苍蝇喜欢它，并帮它传粉。

和人类一样，我们植物也是一种生命形态，同样需要呼吸、吃东西以及繁衍后代。为了生存，我们也会移动……

☆☆☆★★★★
奇妙星值

呼呼，你没看错，俄罗斯刺沙蓬正在狂奔！俄罗斯刺沙蓬生活在戈壁滩上，每当到了干燥酷热的旱季，为了保存体内的水分，它会将根从地下拔出来，团成一个圆球。一旦有风吹过，它就会在风的帮助下滚动起来，直到找到适合生存的地方，因此，大家形象地称它为——"风滚草"。

风往哪儿吹，我就往哪儿跑。

植物的作用

植物对生活在地球上的其他生命来说真的太重要了。它们为其他生物提供了直接或间接的能量来源，人类的衣、食、住、行也离不开植物。

蚕豆花被用来做成药材。

树木被用来建造房屋。

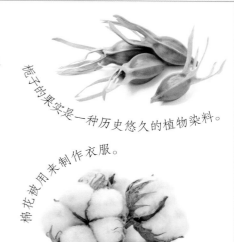

栀子的果实是一种历史悠久的植物染料。

棉花被用来制作衣服。

茎
可以起到连接和支撑的作用。

花
绽放时可以吸引昆虫来帮忙授粉。

叶
是光合作用的主要场所。

根
能把植物固定在某处。

果实
可以吸引动物前来食用，从而把种子带到更远的地方。

种子

看，我们植物多么有用啊！人类早就离不开我们了！你对我们还有哪些了解呢？

植物的身体

植物和人类一样，也由各种器官组成。被子植物是植物界中进化等级最高、与人类的关系最为密切的一类。被子植物由地上部分的茎、叶、花、果实、种子和地下部分的根组成。

根、茎、叶是植物的营养器官，植物靠它们来维持生命。这些营养器官可以吸收养分、合成营养物、运输水分和养料。

花、果实、种子是植物的繁殖器官，它们主要起到繁殖作用。

★★★☆☆
奇妙星值

并不是所有的植物都靠种子进行繁殖，有的植物仅凭营养器官也能进行繁殖。比如草莓，在它的茎上可以直接长出新的草莓苗。

从海洋到陆地

在漫长的演化岁月里，植物经历了从水生到陆生，从低级到高级，从简单到复杂的发展过程。在这个过程中，不断有植物消失，又不断有新的植物诞生，最终形成了如今这个丰富多彩的植物世界。

藻类植物时代

大概在46亿年前，地球诞生了，之后又发展了10亿年左右，地球上开始出现最早的生命体——细菌。又过了很久，地球上出现了最古老的植物——蓝藻。蓝藻与细菌十分接近，它们都是靠细胞直接分裂繁殖的。

在阳光的照耀下，蓝藻体内的叶绿素通过光合作用，制造出了生命呼吸所需要的氧气。后来，从蓝藻中分裂出了绿藻、褐藻、红藻等一批会造氧气的小伙伴。有了它们，地球上的氧气才越来越充足，之后出现了更多的植物、动物。

蓝藻

苔藓和蕨类植物时代

有一种观点认为，约4.5亿年前，生活在浅水中的绿藻率先来到陆地，进化成了苔藓。

苔藓是一种小型的、多细胞的绿色植物，有些种类具有独特的适应恶劣环境的能力，多生长在阴湿的环境中。苔藓植物有的是扁平的叶状体，有的有茎、叶，有的甚至还有假根。

大约在4.38亿年前的志留纪，出现了一种陆生维管植物，从此，植物便开始从海洋向陆地进军。最古老的陆生维管植物是裸蕨。

蕨类是介于苔藓植物和种子植物之间的一个大类群，有根、茎、叶的分化，依靠孢子繁殖。

泥炭藓

蕨类植物

泥炭藓是名副其实的吸水高手。它能吸收自身重量20～25倍的水分。

在中国，多数蕨类植物分布在西南地区和长江以南各省区。

这里还有一条长长的地质年代时间线，上面记录了一些重要植物首次出现在地球上的时间。

35亿年前～33亿年前
地球的水体中出现了原核生物和蓝藻。

大约4.1亿年前
泥盆纪时期，植物可以完全脱离水体，在陆地上生活。

大约3.5亿年前
石炭纪时期，植物发展迅速，石松类、节蕨类繁盛。

银杏

银杏的种子挂在枝头，完全成熟后便会坠落。

地球上还没有人类的时候，我们植物就已经出现了！

裸子植物时代

当恐龙在地球上出现的时候，裸子植物就出现了。裸子植物是具有裸露种子特性的植物，胚珠在受精后发育为种子，并处于裸露状态，外面没有种皮包裹。比如，常见的银杏、水杉、松树、柏树等都是裸子植物。

彼时，植物已经完全可以在陆地上生活和繁殖了。与之前的植物不同，裸子植物有了种子，它们便可以通过种子，不断地扩展自己的栖息地。

华北落叶松

被子植物时代

到了距今大约 1 亿年前，进化更为高级的被子植物登上了舞台，它们最为显著的特征是，在形态上有了由花冠、花萼、雄蕊、雌蕊组成的花，这些花是它们繁殖后代的重要器官。

随着被子植物的迅猛发展，裸子植物的地位被取代，被子植物成了植物界中最大的家族。

凤眼莲

被子植物有的是我们熟悉的花卉，有的是我们常吃的粮食和蔬菜，与我们的生活密切相关。

胡萝卜

大约 2.95 亿年前
二叠纪早期的植物以真蕨、种子蕨为主。

大约2.5亿～2.05亿年前
中、晚三叠世时期，苏铁、银杏等植物大量出现。

大约2.05亿～1.45亿年前
侏罗纪时期，裸子植物的发展进入繁盛期。

大约1.35亿～1.3亿年前
白垩纪时期，被子植物出现。

植物王国寻古记

从地球上开始出现生命到现在的漫长岁月里，地球上有无数的生物出现又消失，甚至很多物种现在已经灭绝，我们已经看不到它们的身影了。不过，它们的遗体、生活时留下的痕迹却以另一种形式被保存了下来。

快跟我一起看看远古的植物王国都给我们留下了哪些化石吧！

硅化木是一种特殊的树木化石。几百万年甚至更早前的树木被突然埋到地下后，植物的茎干经二氧化硅矿化，最终变成化石。这种化石因为保留了当时树木的木质结构和纹理，为科学家研究古植物提供了非常重要的线索。

有的植物化石本来是木头，但由于它们长时间被沉积物包裹着，沉积物中的矿物质渗进了木头里，渐渐地，木头就变成了石头。图片中这些看着像石头一样的东西，在数亿年前都还是树木。在美国的亚利桑那州石化森林国家公园里有一片"化石林"，那里有大面积的树木化石，其中有的"树木"已经 2 亿多岁了。

美国亚利桑那州
石化森林国家公园

压型化石

植物被泥沙掩埋以后，经过岩化作用，藏在泥土中的植物也跟着被挤压成了 压型化石 ，这是植物化石中最常见的一种。压型化石能够将植物的叶片表皮层、气孔等都完好地保存下来。

印痕化石

这块叶片化石，叶片的内部结构早就全部消失了，只留下一层很薄的碳质薄膜。

植物被泥沙包埋之后，泥沙经过岩化，植物体本身被腐烂、分解，最后只留下了植物表面的痕迹，这种化石被称为 印痕化石 。较为常见的印痕化石是植物的叶片。

真假植物化石

恐怕也只有专业人士才能分辨出，这块有着植物纹理的石头其实是一块假的植物化石。这种被称为树枝石的石头，它表面的花纹形似藻类或苔藓类植物的印痕。但实际上，这些花纹是一些矿物质侵入岩石中留下的痕迹，和植物没有关系。

琥珀

琥珀的形状多种多样，有的在里面会包裹一些小昆虫。

琥珀 看起来就像一块半透明的石头，它是数百万年前的针叶树分泌出的黏稠汁液，经地质作用而形成的一种非晶质有机似矿物。琥珀的颜色以黄色为主，也有橘黄色、褐色或红色等其他颜色。

除了这些遗体或遗迹形成的化石，还有一些从远古时代活到现在的植物"活化石"。

银杏树 早在约 2.7 亿年前就已经存在于地球上。后来，由于发生了冰川运动，地球突然变冷，使得绝大多数银杏都濒于绝种，只有中国的自然条件优越，才使它们奇迹般地存活了下来。因此，科学家们把银杏叫作"活化石""植物界的大熊猫"。银杏树高大挺拔，姿态优美，叶子像一把把张开的小扇子，春夏两季是翠绿色的，深秋时呈金黄色，是非常理想的园林绿化树种。它同松树、柏树和槐树一起，被列为"中国四大长寿观赏树种"。

神奇的植物家族

现在，我们一起到植物园看看神奇的植物家族吧！

植物家族的成员数量太过庞大，它们的样子和生活方式也是千姿百态、各不相同。于是，植物学家们按照有种子和没种子将植物分成了种子植物和孢子植物，其中种子植物又有裸子植物、被子植物两大类，而孢子植物则有藻类植物、苔藓植物和蕨类植物三大类。

外向张扬的种子植物

种子植物又称显花植物，是植物界最高等级的一类植物，种子是这类植物特有的繁殖体。种子植物是我们能看到的绿色植物的主体，也是在数量和地理分布上最多、最广的植物。

种子富含营养物质，与人类的日常生活息息相关，农民伯伯种下的是种子，收获的粮食主要也是种子。

被子植物

被子植物的花通常直接裸露在外，因此又被称为"显花植物"或是"开花植物"。被子植物可是一个大家族，目前全世界已知的就有约 25 万种，占植物总数的一半以上！

开花是被子植物区别于其他种子植物最显著的特征。

如果你吃过桃子，就一定会注意到桃子的种子是藏在果实里面的，果实被果皮紧紧包裹住，像盖了一层"被子"。

我是裸子植物家族的优秀代表：松树爷爷！

裸子植物

裸子植物家族并没有被子植物家族那么庞大，全世界只有约850 种。常见的有银杏、水杉、苏铁和白皮松。中国是裸子植物种类、资源最丰富的国家。裸子植物没有被子植物那样明显的花朵和果实可以吸引别的动物帮忙，所以传粉的方式更加艰难，一般需要靠风帮助。

松果是松树的种子。

自然界中几乎到处都有藻类的身影。

绿藻门

藻类植物有 3 万余种，绿藻门约 8600 种，从赤道到两极、高山、平地均有分布。

藻类植物

藻类是一种十分古老的植物。藻类结构简单，最小的只有几微米，要用显微镜才能看到。藻类的适应能力特别强，可以在营养缺乏、光照微弱的恶劣环境中生存。

低调内敛的孢子植物

在庞大的植物家族里，还有一些十分低调的家族，它们不产生种子，而以孢子为繁殖体，这个家族就是孢子家族。它们大多喜欢在潮湿、阴暗的地方生活，其中一部分家族成员很难适应陆地上的生活，至今还生活在水里。

孢子植物资源丰富，可食用、药用，或是作为工业原料。有一些孢子植物已经大面积被人工种植，经济效益十分可观。

苔藓植物

苔藓虽然上岸了，但是还没有完全离开水，通常生活在阴凉潮湿的地方，比如河边、岩石、树干上。苔藓植物对外界环境中的污染物十分敏感，因此可作为检测环境污染的指示植物。

蕨类植物

孢子植物中最庞大的家族是蕨类植物，在世界上有 1.2 万种，它们家族中，有的只有小草那么高，有的却能长成大树的模样。蕨类植物的叶子十分特别，在它们刚出生时，叶片会卷曲在一起，就像握紧的拳头，随着时间的推移，叶片才会慢慢伸展开，形成形态各异的羽叶。

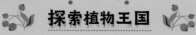

探索植物王国

银杉是中国独有的稀有树种，1955 年由中国植物学家钟济新带队发现。现在，银杉在世界上只分布在中国广西龙胜和重庆金佛山等地，只有 2000 多株，属于濒危植物，是中国国家一级保护植物。

植物根茎的秘密

植物的根和茎作为营养器官，主要负责植物的营养吸收、传输和生长。根既要帮忙固定植株，还要从土壤中吸水、交换矿物质，可以说，植物的根既是植物的脚又是植物的嘴；茎是连接根和叶的部分，里面有许多传输通道，用来运输水分和养分。

向上生长的秘密

植物外观结构里最明显的部分就是茎，有的植物的茎有几十米高。除了少数植物的茎长在地下，茎一般是植物生长在地上的营养器官。

顶芽
顶芽包括主枝和侧枝上的顶端分生组织。

节

节间
茎上有叶子的部分被称为节，节和节之间的部位就是节间。

腋芽
腋芽是一种侧芽，着生在叶腋处。

茎
茎里面有两条运输管道：导管和筛管。

筛管
运输有机物。

导管
可以运输水分、无机盐。

藏在地下的秘密

根像一双有力的大手，抓住土壤，把植物牢牢地固定在大地上。同时，它还一个劲儿地向下，再向下，从深深的土壤里不断吸收水分和养料，满足植物的生长需要。

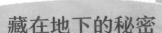

根据根的发生和形态不同，根系可分为直根系、须根系。

各种各样的根

直根系植物有一根粗壮、发达的主根，能深入土中，吸收更多的水和养分。围绕主根的是侧根，侧根相较于主根更细。直根系植物有柳树、松树等。

须根系植物的主要特点是主根和侧根没有明显的区别——这些根粗细、长短都差不多，像人的胡须一样。玉米、小麦等是须根系植物。

各种各样的茎

不同植物为了适应生长环境，长出了各种各样的茎，主要有四种类型。

◉ **缠绕茎**

缠绕茎不能自行直立，以茎的本体缠绕在坚固的物体上生长，如菜豆、忍冬、何首乌等的茎。

菜豆

◉ **直立茎**

直立茎的茎干垂直于地面，直立向上生长，如松、柏、向日葵等的茎。

看我挺拔的身姿！

向日葵

番薯的茎

◉ **匍匐茎**

身形细长的匍匐茎很柔弱，只能匍匐在地面上蔓延生长，如番薯、草莓等的茎。

爬山虎

◉ **攀援茎**

攀援茎幼小时细长柔软，不能自行直立，靠特有的结构攀援在支撑物上生长，如葡萄、紫藤、爬山虎等的茎。

探索植物王国

大树的树干和树枝是一种木质茎，它们除了会长长还会变粗，这是由于这些木本植物树皮里面有两层薄薄的细胞，它们不断长出新的细胞，里面的一层变成新的木材，外面的一层变成新的树皮，所以树木每年都在变粗。

有些根在形态和结构上，都出现了很大的变化，它们被称为"变态根"。常见的有肉质根、气生根、块根和寄生根。

胡萝卜的根

肉质根肥大的主根中贮藏着大量的养分，如胡萝卜、甜菜的肉质根。

吊兰的根

气生根生长在空气中而非土层下，没有根毛和根冠，但是能呼吸、吸收水分，如吊兰的根。

有些寄生植物，它们的根可以钻入寄主的茎内，吸收寄主的养分，所以被称作寄生根。

槲寄生

块根是植物的侧根或不定根膨胀变大而形成的，一株上可以有许多块根，如番薯的块根。

番薯的根

植物也要喝水吃饭

清晨，太阳公公笑眯眯地从东方升起。嫩绿的小草赶紧张开胳膊，伸个长长的懒腰，接着便贪婪地"吃"起了第一缕新鲜的阳光。要是渴了，植物能喝点儿什么？天上下雨当然最好啦，可若是一连很长时间不下雨呢？别担心，聪明的植物们早做好了准备。

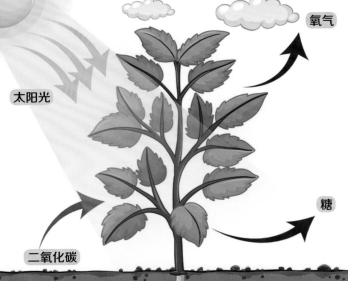

氧气

太阳光

二氧化碳

矿物质

糖

捕捉太阳光

植物的细胞里有叶绿体，叶绿体里含有叶绿素、胡萝卜素和叶黄素等。叶绿素可以捕获太阳的光能，并利用这些光能，对水和二氧化碳这两种原材料进行加工，制造出植物生长所需要的养料，同时又释放出自然界需要的氧气——这个生产过程就叫作光合作用。

植物的生长，只"吃"阳光是不够的，还需要从土壤中吸收一些矿物质。

一片叶子，一座工厂

植物的叶子有大有小、有厚有薄，为了能"吃"到更多的阳光，叶子大多长成扁平状。一片叶子就像一座迷你工厂。叶绿体是植物进行光合作用的工作间。瞧，叶绿素正在这儿辛勤工作呢！叶片上还有一些运输管道，可以将根部吸收的水分运送过来，再将生产的养分运送出去，供植物使用。

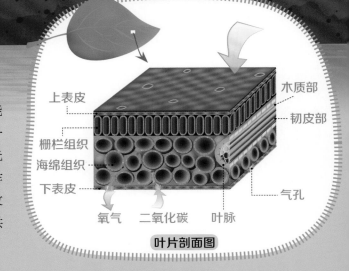

上表皮

栅栏组织

海绵组织

下表皮

水质部

韧皮部

气孔

氧气　二氧化碳　叶脉

叶片剖面图

呼吸新鲜空气

把一片叶子放在显微镜下仔细观察，就会发现它的背面有好多密密的小孔，那就是叶子的"鼻子"。这些小孔叫气孔，是空气进出的通道，植物通过它们的一张一合来进行呼吸——吸收二氧化碳，释放氧气。在白天，植物利用太阳光，一边进行光合作用一边使劲儿呼吸，到了晚上，没有阳光，它就一边睡觉一边呼吸了。

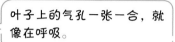

气孔张开

气孔闭合

叶子上的气孔一张一合，就像在呼吸。

一株玉米从幼苗到结出玉米棒再到收获，要喝二三百千克的水。可它本身能吸收的不过1%，其余的部分都被蒸发掉了。

水分都去哪儿了

除了"吃"阳光、补充矿物质，植物生长还需要大量的水分。从出生开始，植物就通过扎进土壤里的根来吸收养料和水分，再向上输送。

如果根不能从地下摄取水，碰上干旱天气，一些不耐旱的植物则无法存活。如果水分太多，植物很可能被淹死。所以，聪明的植物们趁着天热，把土壤里的水分变成水蒸气，通过叶子上的气孔排放到空气中，这种现象就叫作蒸腾作用。

氧气嘟嘟嘟

英国科学家普利斯特里在对植物光合作用的研究方面有着十分重要的贡献。

他曾做过一个实验：把一只小老鼠放在一个密闭的玻璃罩里，老鼠很快死了；把另一只小老鼠和一盆植物放在一个密闭的玻璃罩里，这里的老鼠生活得很自在。接着，他将老鼠换成蜡烛做了第二次实验：没有植物的玻璃罩里，蜡烛很快就熄灭了；而放入植物的玻璃罩中，蜡烛还在燃烧。这个实验证明，植物通过光合作用可以释放氧气。

一片叶子的迷人时刻

叶子对许多植物来说是一种非常重要的营养器官，它们帮助植物"吃"阳光、深呼吸，给植物降温。不过，不同的植物有不同的需求，所以它们的叶子就长出了不同的模样——大的可以长到 20 米长，小的只有几毫米长。

不同形状的叶子

一片完整的叶子通常是由叶片、叶柄以及托叶这三个部分组成的。

叶片是植物制造养分、进行光合作用的主要器官。

叶柄的主要作用是支持叶片，并把叶片和茎连接起来。

托叶能够保护幼叶。

心形叶：

你看，我们牵牛花的叶子，一头尖尖的，一头宽宽的，宽的那边中间是凹下去的，像不像一颗绿色的爱心？

针形叶：

不用我说你们也能发现我的特征吧！我们拥有针形叶的植物多生活在温带性气候区，由于冬天降水量很少，我们的叶子变成这种形状更有利于保存体内的水分。

在你的身边还有哪些形状的叶子呢？快去找找吧！

掌形叶：

我们梧桐的叶子像个大大的手掌，被称为掌形叶！枫树的叶子也是手掌形状的。

卵形叶：

像我们这样形似鸡蛋的叶子被称作"卵形叶"，梨树叶、桑叶都是这种形状的。

披针形的柳树叶

圆形的荷叶

扇形的银杏叶

叶子的色彩秘密

入秋后，有些在春天和夏天叶子还是绿色的植物就开始给自己"换衣服"：枫树的叶子变成了红色，银杏的叶子变成了黄色，橡树的叶子变成了黄色……而到了冬天，有些植物还会"脱去"叶子，光秃秃地过冬。

叶子的颜色随着季节在变。

叶子为什么是绿色的？

这个秘密和叶子身体里的叶绿素有关。太阳光里有红、橙、黄、绿、蓝、靛、紫七种可见光，叶绿素在"吃"阳光时，吸收最多的是红橙光和蓝紫光，而几乎不吸收绿色的光。于是，这些绿色的光就会从叶子身上穿过去或反射回去。这样，叶子就呈现绿色啦！

为什么会有落叶？

秋冬季节，阳光越来越弱，天气也越来越冷，树木的根部活力逐渐下降，能吸到的水分也越来越少。为了能在恶劣的冬季活下去，树木会"甩掉"树叶，来保证自己的生存。

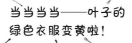

当当当当——叶子的绿色衣服变黄啦！

一起来做树叶画吧

① 准备硬纸板、剪刀、镊子、胶水。

② 收集各种形状的树叶，把它们剪成需要的形状。

③ 粘贴在硬纸板上，树叶画就做好啦！

叶子为什么会变色？

秋天，随着白天的时间慢慢变短，阳光渐渐变弱，叶子便没有足够的阳光来进行光合作用了。于是，叶子里的叶绿素越来越少，平时被叶绿素覆盖的黄色色素细胞就显现出来了。

当植物即将落叶时，叶柄里的食物传输通道关闭，叶子里的葡萄糖被留了下来，它们在深秋变成红色的花青素。叶绿素的减少使这些花青素有了露面的机会，于是叶子就穿上了红色的新衣服。

该我开花了

200 多年以前，伟大的瑞典博物学家林奈发现了一个有趣的现象：每一天、每一个小时都有不同的植物在开花。如果把这些植物按开花的时间排成一只巨大的钟表，便会惊喜地发现：到了什么时间，就开什么花。

21:00

昙花： 洁白又高雅，羞涩怕见人。开花过程很短，仅仅有几个小时，所以有"昙花一现"的说法。

20:00

夜来香： 黄绿色的小碎花，喜欢抱成团儿一块儿开。

18:00

花烟草： 花烟草又叫烟草花，它喜欢温暖、向阳的地方，颜色多样，花期很长。

17:00

紫茉莉： 全身紫红色，是一个漂亮的紫衣仙子。

15:00

万寿菊： 像一个黄色的圆球，花瓣都挤在一起，开得可热闹了。

12:00

鹅肠菜： 白色花瓣纤小细长，总是成双成对依偎在一起。

世界上最臭的花

世界上最臭的花是巨人海芋，由于它能散发出一种像烂肉又像大便的恶臭味，所以又被称为"腐尸花"。巨人海芋生长在苏门答腊岛的雨林之中，因花形巨大、色彩鲜艳、气味难闻而闻名。这种花人工培植的难度很大，每 3 年才开放一次。一经开放，就会在 8 个小时内持续散发出难闻的动物尸臭味，以此吸引以腐肉为食的甲虫来帮它授粉。

02:00

蛇床花： 花期在 4～7月，花朵像一顶顶白色的小伞挤在一起。

04:00

牵牛花： 花朵五颜六色，像一片撒在地上的彩色小星星。因花朵的形状酷似喇叭，所以也叫喇叭花。

野蔷薇： 多彩迷人的野蔷薇挂在栅栏上，形成了一面美丽的花墙。

05:00

06:00

龙葵花： 白瓣黄蕊，喜欢躲在大叶子里偷偷向外看。

10:00

半枝莲： 它开花时喜欢排成队，像一排排紫色的长喇叭。

07:00

芍药花： 开得红火浓艳，密密的花瓣像漂亮的裙边。

第一次做压花

1 采集一朵美丽的花。

2 把花夹在两张薄纸中间。

3 夹在书本中间，再放几本厚厚的书压住。

哎呀，
不小心把一只虫子也压干了！

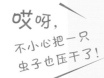

4 等花干了，一朵压花就做好了！

许多城市在设计花坛景观时，也会融入钟表元素，形成别具一格的花钟景观。

丰收的时刻

对许多植物而言，开花授粉是一件终身大事。完成了终身大事，植物们便安安心心地继续生长。等到秋天来到，沉甸甸的果实挂满枝头，它们一个个都"笑弯了腰"。

参加蟠桃大会

蟠桃在神话传说里，是王母娘娘蟠桃会上的主角。在民间，由于营养丰富，它又有"仙果""寿桃"的美称。蟠桃适宜生长在气候温暖、湿润的地区。

哎呀，有些人觉得我臭臭的！

热带"水果之王"

榴梿生长在热带地区，原产马来西亚。榴梿的叶子为长椭圆形，果实直接从树的枝干上长出，成熟时大如足球，表面硬壳上长有很多尖刺。它的果肉绵软甜糯，营养价值极高，故而被誉为"热带果王"。

甜蜜蜜的葡萄

葡萄成熟期的气温对浆果的品质影响很大。若昼夜温差较大，则葡萄的养分积累比较多，浆果的含糖量比较高。等到葡萄完全成熟的时候，里面的含糖量可以达到 $10\% \sim 30\%$。

葡萄果实可以用来做葡萄干、葡萄汁、葡萄酒等。

香蕉炸着也很好吃哦！

香蕉喜欢扎堆儿

香蕉外皮嫩黄、身形苗条，里面的果肉香甜软滑。果肉含有丰富的淀粉和纤维，可以有效促进肠胃蠕动。它喜欢扎堆儿长，每一串香蕉多在 $8 \sim 10$ 扇。越南曾有一棵香蕉树竟然长了202扇香蕉，每扇结有16根以上的香蕉，堪称"香蕉王"！

别笑，我们都是果实

> 佛手果、火龙果、开心果、算盘子、黑老虎……这些可都是果实的名字哦！

含维生素 A 最多的水果

杧果营养丰富，是含维生素 A 最多的水果。杧果中还含有糖、蛋白质、粗纤维、维生素 C 等。果实多呈肾脏形，中国主要有土杧果和外来杧果两个品种。没成熟前土杧果皮呈绿色，外来品则呈暗紫色；土杧果成熟时颜色不变，外来品种则变成橘黄色或红色。经过人工培育，现在全世界已有 1000 多个杧果品种，其中最大的单果有几千克重，最小的则只有李子那么大。杧果形状、颜色等也各不相同。

◎ 火龙果

火龙果全身裹着厚厚的软皮，软皮的颜色红红火火，挂在树上像一个个红红的小灯笼。它的果肉有两种颜色，一种雪白，一种紫红。不管哪一种颜色，果肉上都撒满了一粒粒黑色的"芝麻"。这些小"芝麻"就是火龙果的种子。

◎ 佛手果

佛手的果实于冬季成熟，它的样子非常奇怪，就像一只朝里握的大手。佛手果可用来做蜜饯，也可供观赏。

◎ 开心果

开心果的本名叫"阿月浑子"，它的栽种历史已有 3500 多年，果树身高为 5～7 米，每年春季开花，夏秋间成熟。开心果的果实小巧可爱，外面包着一层黄白色的硬壳，硬壳有一条裂缝，像是在开心地咧着嘴笑，故而得名开心果。

自制水果饮料

材料：水果、安全削皮刀、榨汁机

1　把自己喜欢的水果洗干净，去皮。

2　请家长挖出果核，切成小块儿。

3　把处理好的水果放进榨汁机。让家长帮忙启动电源，等待果块儿变成果汁。

4　把饮料倒进杯子，请小朋友来尝一尝。

一粒种子的旅行

种子的使命是延续植物的生命，繁殖后代。果实和种子的传播方式多种多样。有些植物的果实和种子凭借自身的力量传播，而有些植物则需要借助外力传播。

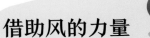

01 自动播种机

有些植物选择自己动手，不依靠其他的传播媒介。这种植物的种子本身具有一定的重量，成熟后会因为重力作用而掉落地面，如柿子等。

05 借助风的力量

有的果实或种子很小、很轻，这些果实或种子的表面一般有毛、翅，或是具有能够借助风力飞行的构造。如在蒲公英每个果实的头顶上都长着一束冠毛，当果实成熟后，只要风儿轻轻吹来，果实上的冠毛就会带着果实腾空而起，开始空中旅行。

04 请人类、动物帮忙

人类和其他动物无形中也会成为一部分植物种子的传播媒介，如苍耳植株的果实都长满了刺，每根刺都像一个鱼钩，等着带它旅行的寄主。也有一部分果实是某些动物喜欢的食物，被动物吃掉后，果皮被吸收，留下的果核、种子会随着粪便排出，散落各地。

苍耳

> 我们前面提到的风滚草也是借助风力来播撒自己的种子的。

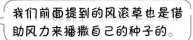

探索植物王国

一些植物的种子即使已经成熟，但是在适宜的环境下也不会立即萌发，必须经过一个相对静止的阶段后，才会萌发，种子的这一性质被称为"休眠"。

22

自身弹射 02

植物种子传播最直接的方式就是利用果实本身的结构特点。如老鹳草、喷瓜、大豆、含羞草等植物的种子传播方式就是植物的自身弹射。

喷瓜家族中，有一种"脾气最暴躁的果实"——原产于欧洲南部的喷瓜。它的果实成熟后，包含着种子的多浆质组织会变成黏液，挤满果实的内部，强烈地膨压着果皮。在极大的压力下，果实只要稍微受到触动，就会"砰"的一声炸开。这股力气可把种子及黏液喷射出十几米远。因为其力气大如放炮一般，所以人们又称它为"铁炮瓜"。

种子喷射而出。

果实内部充满黏性液体，压迫果实。

喷瓜喷射种子示意图

果实在脱落果柄的瞬间，种子即会喷射。

我的特性很让人好奇，但我的黏液有毒，不要沾染到。

我是复椰子树的种子。

···· **世界上最大的种子** ····

世界上最大的种子是复椰子树的种子。复椰子树分布在非洲东部印度洋中的塞舌尔群岛上。复椰子树的花从授粉、结果到成熟需要13年，种子的发芽期需要3年，且只有在强烈的日照下才能发芽。复椰子树一般每年只生长出一片新叶子。

随水漂流 03

在沼泽地和水中生长的植物，传播果实和种子就要借助水的力量。在南方有许多椰子树，挂在树上的大椰子是果实也是种子。由于有坚硬的外壳，椰子就算掉到海里也不怕，只管放心地顺着海水漂。只要碰到一片温暖的海滩，它就会生根、发芽，长成一棵新的椰子树。

1. 含有种子的椰子漂浮在水上。

2. 胚芽在种子里处于睡眠状态，一旦时机成熟，它就吸收椰子汁的养分，长出最初的根和茎。

3. 根不断吸收水分，茎越长越茁壮，外壳就破裂了。

餐桌上的植物礼物

蔬菜、水果、粮食，我们生长所需要的营养绝大多数都来自植物。早期，人类都是在野外采集植物；大约在两万年前，中国先民开始对野生植物进行人工管理；大约在一万年前，中国出现了人工栽培的农作物，这种转变大大改变了人类的生产和生活方式。

调味料的奉献

主食、蔬菜和水果能填饱肚子，但是要把味觉调动起来，那必须让调味料"出马"了。厨房里最常见的调味料有葱、姜、蒜、大料、花椒、香菜等，这些植物香味独特，不可或缺，为人类的食物带来不一样的味道。

远道而来的香菜

香菜生长于地面上，根部细长，身体纤瘦，嫩茎和鲜叶能散发出特别的味道。它本来产于中亚、南欧、地中海一带，西汉时期由张骞从西域引进，那时候称胡荽（suī），后来经过几次改名才称香菜。

多吃蔬菜水果身体好！

蔬菜水果在我们的日常生活中发挥着重要作用，它们各展所长，奉献多种营养物质，成功地在餐桌上占有一席之地。

水果

除了富含维生素，水果还能给人类带来美好的味觉体验。草莓吃起来很甜，但含糖量却很低；相反，山楂是一种口感很酸的水果，它的含糖量却是草莓的一倍。猕猴桃的果实营养丰富，每 100 克鲜果的维生素含量高达 100～420 毫克。猕猴桃的果实还可以做罐头。

蔬菜

蔬菜是我们餐桌上每日必不可少的食物之一。不同的蔬菜来自植物的不同部位：萝卜来自植物的根，莴笋来自植物的茎，卷心菜来自植物的叶片，花椰菜来自植物的头状花序，豆芽来自植物的嫩芽……

 ## 探索植物王国

在所有蔬菜中，冬瓜含热量最低，每 100 克冬瓜中只含有 11 千卡热量。冬瓜含蛋白质、糖类、胡萝卜素、多种维生素、粗纤维及钙、磷、铁等，对人体有很大的益处。

水稻

大米磨成粉后还能做各种食品，如年糕、米线等。

水稻

你知道吗，大米养活了世界上 1/3 的人口！这位"大功臣"在被脱壳之前叫稻谷，稻谷就是水稻的果实，因为生长在水田里，所以有了这个名字。中国是世界上最早种植水稻的国家，传说神农氏教会了人们如何种稻。后来这项种植技术逐步传播到印度、欧洲与美洲。

小麦

小麦

白花花的馒头、细长的面条儿，还有黄灿灿的面包，让人一看就食欲大开！这些美味食物都是用面粉制成的，而面粉则是小麦的变身。小麦起源于亚洲西部，如今已在全球范围内广泛种植。每年秋季，人们在大片麦田里收割着沉甸甸的麦子，随后将饱满的麦粒进行脱粒、去皮与磨粉等，再制成各种主食，有些麦粒发酵后还可以制成酒精或者燃料。

主食上桌！

主食是我们餐桌上必不可少的食物，米饭、馒头、大饼、面条儿……统统都是主食，它们其实是水稻、小麦、玉米等谷类、薯类的化身。这些以淀粉为主要成分的粮食作物蓬勃生长，源源不断地为人类提供着各种能量。

面条儿

面包

馒头

啤酒

我们看电影时吃的爆米花也是玉米做的哦！

玉米

玉米的故乡在美洲，大约 400 年前，玉米传入中国。玉米营养丰富，有"黄金作物"的美称。它的做法丰富多样——可以制成窝头、丝糕、发酵点心，可以煮粥、焖饭、配菜，最简单的做法可以直接入锅变成香糯可口的玉米棒子；玉米秸秆还可以作为生物燃料的原料。

哦！是大树哇

地球陆地的1/4都是森林的地盘，如果外星人来到地球，可能会认为这是一颗被树市统治的星球。事实上，树市为地球做出了不少贡献：为人类提供氧气、为动物提供食物、为植物提供养料、能够防止水土流失、为其他生物提供栖息地……

陆地上的植被分布

因植物在不同的纬度、经度接收到的光照、水分、热量不同，所以植被的分布存在差异。

植被在陆地上的分布主要取决于热量和水分条件，由于太阳辐射提供的热量不同，所以形成了不同的植被分布带，被称为"植被的纬度地带性"。以北半球为例，从赤道到两极的植被分布依次是**热带雨林、亚热带常绿阔叶林、温带阔叶林、寒温带针叶林**。

植被的经度地带性是指从沿海到内陆，随着降水量减少，植被也在不断地发生变化。以中国为例，从东南沿海到西北内陆的植物分布是**东部湿润森林区、中部半干旱草原区、西部内陆干旱荒漠区**。

树叶可进行呼吸、蒸腾和光合作用。

树枝将树叶托起来形成树冠。

树根扎在泥土里，它们又粗又壮，不停地从土壤中吸收水分和营养。

探索植物王国

矮柳生长在高山冻土带，身高不超过5厘米，但是它有木质的茎干和树枝，像普通的柳树一样，也能抽出枝条。因为生长环境恶劣，矮柳的茎必须匍匐在地面上，才能抵抗低温、大风和阳光的直射。

有趣的树

观峰玉

观峰玉原产自美国加利福尼亚州南部和墨西哥干旱的亚热带地区。为了适应那里的生活，它的枝条上进化出许多**细小的尖刺**，这样才能减少水分的蒸发，保存更多的水。

因为长相奇特，被称为"可怕的怪物树"。

见血封喉树

见血封喉树，又称**箭毒木**，是一种有剧毒的植物。它的树干分泌的汁液有剧毒，汁液一旦进入伤口，即可让中毒者血液凝固，心脏麻痹；猎人将它的毒汁涂于箭头上，可以让野兽在三五步内倒地身亡。

彩虹桉树

见到彩虹桉树的树干，你可能会以为这是哪位艺术家特意画上去的，其实这就是它"皮肤"本来的模样。彩虹桉树树皮的颜色会随着时间的流逝而**逐渐变暗**，由绿色变成蓝色，再从蓝色变成紫色，而后又变成橙色和栗色。

猴面包树

猴面包树的原产地在非洲。这种树木质中空，呈海绵状，因此里面可以贮存大量的水分，就像一个**不会枯竭的大水箱**。由于它的果实深受猴子的喜爱，因此被人们形象地称为"猴面包树"。这种树的树皮、叶子、果实都可供药用，且"身材"特殊：树干粗得出奇，平均直径超过 10 米。它是目前世界上最粗的药用树木，被称为"药材大王"。

嘉宝果树

嘉宝果树是一种可以在树干直接开花结果的果树，这些果实长得跟葡萄很像，因此嘉宝果又被称为**树葡萄**。

树干支撑着树的身体，它还和树枝一起传输养分和水分。

被误解的蘑菇

蘑菇这种古老的生物长得像植物，却又和植物不完全一样，它们形状千奇百怪，"性格"神秘莫测——有的蘑菇是人类餐桌上的"美味佳肴"，有的则是可怕的"毒物"。

蘑菇生长参考图

蘑菇档案室

蘑菇是一种喜欢在阴暗、潮湿的环境中生活的大型真菌，它的种类非常多。蘑菇靠孢子进行繁殖，等到孢子成熟了，它们就会立马离开这个舒服的窝，只需要风轻轻地一吹，又小又轻的孢子就能飘散到很远的地方。此外，蘑菇还靠菌丝扩展自己的领土，它们把菌丝伸到土壤里或者腐烂的木头里，贪婪地吸收着养分。

蘑菇自成一派

很长时间内，蘑菇都被误认为是一种植物。但科学家们在对蘑菇的不断研究中发现，蘑菇并没有植物的特征，不属于植物类，它们在地球上应该和动物、植物拥有同样的地位。于是，科学家们给蘑菇这一类生物建立了一个新家族——真菌。

真菌是个大家族，这些都是真菌……

青霉菌

酵母菌

食用菌

形态各异的蘑菇家族成员

菌盖

菌褶

菌盖和菌柄合称子实体。

菌柄

菌丝

可怕的毒蘑菇

　　蘑菇营养丰富，味道鲜美。不过，并不是所有蘑菇都可以吃。地球上大概有 3 万多种蘑菇，目前全世界范围内已知的毒蘑菇大约有 400 种。

疣

菌环

　　毒蝇鹅膏，也叫毒蝇蕈（xùn）或蛤蟆菌。很多人认为颜色鲜艳、头顶上长着疣、身上穿着菌环的就是毒蘑菇，没有这些特征的就不是毒蘑菇。其实这种说法是错误的，仅靠观察蘑菇的颜色或形态来辨别它是否有毒，是件非常冒险的事。

千万不要往自己的嘴巴里乱丢蘑菇！

含铁量最高的蔬菜

　　木耳和蘑菇的含铁量都很高，尤其是木耳，每 100 克木耳中含 185 毫克铁，是含铁量最高的蔬菜。自古人们就将木耳作为补血佳品。木耳状如人耳，因此得名，别名黑木耳、光木耳，多为黑色，也有黑褐色的，质地柔软，味道鲜美。

大自然的清道夫

　　蘑菇一般生长在枯败、腐烂的植物上，它们将菌丝伸进去，分解那些腐烂物上的淀粉、纤维素、木质素等有机物。这个过程中，蘑菇会吸收掉一些营养，同时还会分享出一部分养分给周边的植物。默默无闻的蘑菇不仅清理掉了大自然中那些腐烂的植物，还给大自然贡献了许多营养，真是了不起呀！

🌿 探索植物王国 🌿

　　科学家在美国的俄勒冈州发现了一个超过 2400 岁、占地超过 8.8 平方千米的"超级真菌"——奥氏蜜环菌。

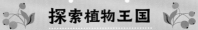

捕点儿 "肉" 来吃

植物会吃肉？没错！植物家族里隐藏着一些爱吃肉的小"怪咖"，被人们称作"食虫植物"。食虫植物个头儿不大，胃口却不小，它们专门捕食苍蝇、蚂蚁等小型昆虫，有时连小青蛙也不放过。

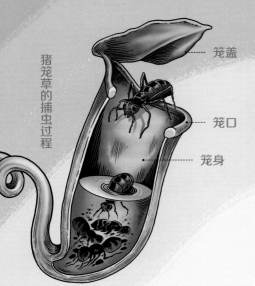

猪笼草的捕虫过程

笼盖

笼口

笼身

猪笼草的甜蜜陷阱

猪笼草最大的特点在于它有一个瓶状的捕虫笼。

猪笼草的"瓶口"非常光滑，"瓶子"里面则装了许多消化液。猪笼草的"瓶盖"一方面可以用来挡雨，防止消化液被稀释；另一方面能产生香味，并通过这种香味和瓶口的蜜汁来吸引猎物，被吸引来的猎物便会从瓶口滑落，继而被"瓶底"的溶液淹死。此后，猪笼草就能逐渐消化这些倒霉的猎物了。

没有捕虫囊的捕虫堇（jǐn）

捕虫堇的根状茎短粗，没有捕虫囊。它的叶片、花茎、花瓣上都有短短的腺毛，这些腺毛能分泌出诱惑猎物的黏液，小昆虫被黏液的气味吸引，很快就被粘在叶片上。昆虫的挣扎会刺激叶片卷曲，并分泌消化酶。很快，猎物就会被溶解成捕虫堇的营养液。

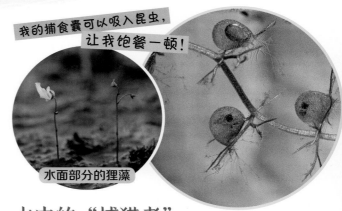

我的捕食囊可以吸入昆虫，让我饱餐一顿！

水面部分的狸藻

水中的"捕猎者"

狸藻是一种生活在水中的植物，露在水面上的部分可以开出漂亮的小黄花，它的捕虫囊在水下。捕虫囊的嘴巴一般都是紧闭的，一旦有小虫子碰到了嘴巴上的小胡须，捕虫囊就会立即张大嘴巴，口边的小虫子就会被水流顺势推进囊中，小虫子有去无回，成了狸藻的口中餐。

挂满露珠的茅膏菜

茅膏菜是食虫植物中分布最广的一个族群。它的圆形叶片边缘上分布着密密麻麻的腺毛，腺毛比较敏感，且能分泌出黏液。一旦有昆虫被黏液的香味引诱过来，黏液就会将它紧紧粘住，同时腺毛会弯曲，把昆虫缠住。等到昆虫被完全消化掉，茅膏菜就会恢复原状。

看，这个倒霉的虫子被茅膏菜卷起来了！

食虫植物也怕虫

虽然食虫植物会吃虫，但是食虫植物也会被虫吃。茅膏菜就常会出现病虫害，特别是蚜虫。蚜虫往往躲在茅膏菜的叶片背后、花茎上或是腺毛无法粘到的中心嫩芽处，去吸食植株液体，使植物衰弱、死亡。

敏捷的捕蝇草

捕蝇草的顶部长着像蚌壳一样的"捕蝇夹"，它能够分泌蜜汁，夹子的边缘布有许多感觉毛。当猎物受到蜜汁的诱惑第一次碰触感觉毛时，捕蝇草没有丝毫异常；但当猎物第二次碰触感觉毛时，"捕蝇夹"会瞬间闭合，将猎物严严实实关在里面。若是两次碰触的时间超过半分钟，捕蝇草就会等待猎物的第三次碰触。

一只苍蝇落在捕蝇草的叶片上，这个倒霉的家伙触发了机关，捕蝇草"啪"的一声迅速关闭了叶片。叶片上的尖刺像手指一样交错紧扣在一起，里面的苍蝇根本飞不出来，而且它越挣扎，叶片就收得越紧。

探索植物王国

通常情况下，捕蝇草需要花费一个星期左右的时间才能将食物的养分吸收掉。一至两周后，捕蝇草的叶片会再次打开，吐出无法消化的昆虫残渣，静候下一个猎物自投罗网。

离不开水的植物

什么是水生植物？简单来说，就是一辈子都离不开水的植物。常见的水生植物有高出水面的挺水植物、擅长潜水的沉水植物、叶子浮在水上的浮叶植物和随波逐流的漂浮植物。

水中挺立的家族

⊙ **代表：莲花、碗莲**

挺水植物将根扎在水下的泥土里，它们的茎直立挺拔，可以高出水面，挺立在水中。它们一般都生活在浅水区，为了能在水中生活，还进化出了发达的通气组织。

我的花色丰富，一般在夏季盛开。

莲花

莲花的根茎——藕，肥大多节，口感爽脆，是很受欢迎的粗纤维蔬菜。

莲藕的呼吸孔

藕

海上森林

在热带海湾、河口浅滩地带，生长着一种特殊的植物——红树林。它们发达的根能扎在海水和淤泥中呼吸，并为许多海生贝类和各种鸟类提供生活的地方，因此又被称为"海上森林"。地球上的红树林主要分布在南北回归线之间。

水下生活的家族

⊙ **代表：金鱼藻、苦草**

沉水植物长期沉没在水下，除了有几个家伙会在开花时偶尔露出水面，其他的时间都在潜水。沉水植物的通气组织十分发达，它们的叶子能吸收水中的养分和水分，从而适应水中的弱光环境。

我既可以用来装饰水族箱，又可以作为鱼饲料。

金鱼藻

金鱼藻隐居在水下，茎部细长而平滑，边缘部分有小刺一样的细齿。

漂浮有定的家族

◎ **代表：王莲、荇菜**

浮叶植物生活在浅水中，它们的茎叶慵懒地躺在水面上，叶片由长长的柄连着，平贴在水面上。浮叶植物还可以净化水体，吸收水中的污染物，保护水体环境。

王莲的叶子直径一般超过2米，最大的可达4米。这么大一片叶子，一个体重35千克的孩子坐在上面完全不会有问题。

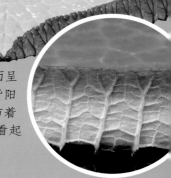

> 我的叶子像不像一只浮在水面上的大平底锅？

王莲

王莲的叶子向阳的一面呈淡绿色，非常光滑；背阳的一面呈土红色，密布着粗壮的叶脉和刺毛，看起来非常结实。

> 我是最小的有花植物，我的果实也是世界上最小的果实。

浮萍

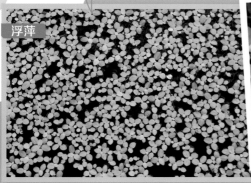

有一种最小的浮萍，整个植物全长不足1毫米，果实的重量只有70毫克，比一粒精盐还要小。

凤眼莲

凤眼莲又叫水葫芦，是一种原产于巴西的漂浮植物。

一生漂浮的家族

◎ **代表：浮萍、凤眼莲**

漂浮植物虽然会长根，但是它们只愿垂在水里，不肯扎在泥土里安家，这个家族终身在水面上漂浮着，随波逐流，浪迹天涯。别看它们个头儿不大，生长力却很惊人，还有着超快的繁殖速度，稍不注意，它们就能把整个池塘都占领。

 探索植物王国

浮萍的整个植物体都是绿绿的，没有茎和叶的区分，统称叶状体。叶状体从浮萍的身体下面生出来，两两相对，呈卵形。它还有一条垂在水中的根，长3～4厘米。浮萍夏季开花，花长在叶状体的边缘，呈白色。浮萍很挑剔，除非条件适宜，否则很难开花。浮萍的果实近似于陀螺的形状，里面有一粒种子。

让人惊叹的耐旱植物

耐旱植物正好和水生植物相反，它们平时不需要大量摄取水分，只需很少的水分就能正常生长。在极度干旱的环境下，耐旱植物身体里的水分丧失，植株呈风干或休眠状态，但是没有死亡。一旦得到足够的水分，它们又会很快恢复生机。

植物界的"刺儿头"

仙人掌的家乡在以墨西哥及中美洲为中心的美洲热带、亚热带沙漠或干旱地区。仙人掌的大小因品种的不同而各异，小的只有硬币大小，大的能长到 20 米左右。

刺是肉质植物的变态叶

输导组织维管柱

贮水的薄壁组织

根

仙人掌结构图

干旱缺水的沙漠里，仙人掌却能够顽强地生长，这是因为它们有着独特的"抗旱能力"。为了适应沙漠干旱的环境，仙人掌的叶子退化成针状，也就是仙人掌身上的"刺"，以此来减少水分的蒸发。同时仙人掌还有着庞大的根系，能够汲取更多的水分。

看我毛茸茸的样子像不像一只小熊。

泰迪熊仙人掌

在仙人掌家族中，成员们形态各异，有的长成球形，被称为仙人球；有的长成圆柱形，叫仙人柱；有些甚至比人还高……

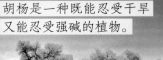

胡杨是一种既能忍受干旱又能忍受强碱的植物。

胡杨林

沙漠里最美丽的树

胡杨喜欢扎根在荒漠中的沙质土壤里，随着沙漠河流一路生长。它的正常树龄在 200 年左右，健康状态下能长至 15 米高。当树龄老化，胡杨便会逐渐脱断顶部的枝干，降低到三四米高。为了适应干旱的环境，胡杨幼苗嫩枝上的叶片狭长如柳叶，成年后叶片会变得圆润许多。

与风沙做斗争的红柳

和胡杨相比，红柳只能算中等个子。它也喜欢沙质土壤，一旦栽植入土便将根部扎到土壤深处，尽可能地汲取地下的水分。据说，最长的红柳根部竟然能深入地下十多米。红柳能够适应干旱的沙土环境，所以经常被列为"沙漠盐碱地的造林树种"。

还魂草——卷柏

卷柏是贴着地皮生长的小个子植物。它的根能从土壤中分离出来，将身体缩成一个枯萎的球体任由风吹，一旦遇到水源，就把根部泡进去，过不了多久便又可以展开身体继续生长，所以民间也把卷柏称作"还魂草"。

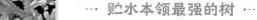

··· 贮水本领最强的树 ···

南美洲的大草原上有一种纺锤树，它们高可达30米，树干最粗的地方直径可达 5 米。

纺锤树是世界上最能贮存水分的树木，树干里可贮存两吨多的水。每当旱季来临时，人们常将纺锤树砍倒，将它贮存在树干里的水作为饮用水的来源。如果以每人平均每天饮3 千克水来计算的话，一棵纺锤树贮存的水可供一个四口之家饮用半年。

永不落叶的百岁兰

据说，百岁兰能活上百年，所以也被叫作"百岁叶"。它的主根粗壮且长，树干粗短，叶厚厚的长长的，像根带子拖在地面上。百岁兰的叶很特别，基部可以一直生长，能长到 2～3.5 米。

百岁兰是世界上唯一永不落叶的植物。

"沙漠勇士"骆驼刺

骆驼刺是多年生草本植物，也是戈壁地区最常见的植物之一，常成丛生长。为了吸收更多水分，骆驼刺的根系非常发达，能够深入土层下 20 米左右，可作为防风固沙的树种。它还是优质的饲料牧草之一，同时由于根系发达，还常被用作土壤改良植物。

我从高山来

虽然你在爬山的过程中能看到很多不同种类的植物，但是越到山顶，高大的树木就越少。这是为什么呢？因为相较于平地，高山顶上的环境更为恶劣——空气稀薄、风很强劲、昼夜温差大，想要在这里活下来可真不是件容易的事！

积雪冰川

植物的垂直地域分异与山地所在的纬度和高度密切相关——纬度越低，海拔越高，垂直带树木就越多。

高山草甸

高山灌木林

高山针叶林

高山针阔叶混交林

常绿阔叶林

喜马拉雅山脉（南坡）的垂直地域分异

"春之使者"报春花

报春花属类植物全世界约有 500 种，绝大部分分布于北半球温带和亚热带高山地区。中国有约 300 种，主要分布在西南山区。

报春花色彩非常丰富，白色、黄色、粉红色、深红色、蓝色、紫色……在园艺师的努力下，现在在公园里，我们也能欣赏到美丽的报春花。

我生长于中国长白山和大兴安岭、小兴安岭。

坚强的岳桦树

岳桦树生长在海拔 1800～2000米之间，一年只有 2 个月的生长期，生长期内又常有 8 级以上的大风，其他时间都在和严寒、冰雪做斗争。为适应严酷的环境，岳桦树都长得低矮扭曲。

高山植物的朋友

雪是高山植物的好朋友，为它们的生长提供了很多帮助。冬天的积雪是植物的保护罩，一方面减少了土壤热量的散失，帮助植物保暖；另一方面让植物免受狂风和昆虫的侵扰。当天气变暖时，融化的雪水又为植物提供了水分和养分。

雪兔子

雪兔子分布在云南、西藏四五千米的高海拔地区，身披密密的绵毛，整体矮壮，像一只蜷缩的小兔子。

雪莲从发芽到开花需要五年的时间。

你看我像不像一座宝塔？

一生一花——塔黄

高高的塔黄上面堆着一层又一层的浅色半透明苞片，互相重叠的苞片像一个保护伞，将塔黄花部器官保护起来，形成一个温室，为花部器官的发育提供了一个温暖舒适的空间。塔黄一生只开一次花，一旦果实成熟，苞片就会脱落，种子被风带走，开始新的轮回。

绿绒蒿家族的花还有黄色的、紫色的、红色的，都很好看。

"高原美人"绿绒蒿

绿绒蒿其实是罂粟的一种，全属共有49种，除了1种分布在西欧，其他均生活在东亚的喜马拉雅地区和横断山脉。它集中生长在海拔3000多米到海拔5000多米的高寒地带，素有"高原美人"之称。

花开不易的雪莲

雪莲是多年生草本植物，它有着适应高山环境的生物特性：它的叶非常密，像白色的长绵毛，绵毛交织形成了无数的小室，室中的气体难以与外界交换，既能保暖御寒，又能防止水分快速蒸发——白天在阳光的照射下，它能更好地吸收热量，夜间它的温度又降得很慢。

我又名映山红、山石榴！

艳丽杜鹃花

全世界大约有900种杜鹃花，其中生长在中国的就占了近一半。它们主要生长在海拔500～2500米之间。横跨四川省、云南省、西藏自治区的横断山脉地区，杜鹃花种类最多，这里也因此被誉为"世界杜鹃花的天然花园"和"杜鹃王国"。

 探索植物王国

高山植物为什么开出的花朵都比较鲜艳呢？这其实是高山植物的生存智慧！植物繁衍后代离不开昆虫的帮助，可是高山条件如此恶劣，昆虫数量极少，想要吸引昆虫造访，鲜艳的外衣绝对少不了。

美丽而危险的植物们

为了生存或者对付敌害，植物必须练就"防身术"，放毒就是其中之一。我们将那些含有有毒物质的植物称为"有毒植物"。其中，有些植物的实力不容小觑，它们能轻松结束来犯者的性命。

毛地黄

这种来自欧洲的毛茸茸的植物与中国原生植物地黄长得很像，因此得名"毛地黄"或"洋地黄"。它们的花朵颜色丰富，很多人喜欢将它们当作一种观赏性植物进行栽培。毛地黄不仅颜值高，还有药用价值，它的叶子可入药，有强心的功效。但是，如果控制不好用量，会使食用者出现恶心、呕吐等症状，严重的还会致人死亡。

⚠
亦毒亦药的植物

含羞草

如果有谁轻轻触动一下，含羞草会马上闭合叶片，触动的力量越大，它闭合的速度就越快。含羞草最快可在 0.08 秒内完成闭合，大概 10 分钟之后又能恢复正常。含羞草的全草都可药用，有安神的功能。含羞草生长需要强光照射，在夜间不能进行光合作用时，含羞草会释放有毒物质，所以最好不要将它养在卧室里。

蓖麻

蓖麻全身都是毒，蓖麻中可能引起中毒的物质是蓖麻毒和蓖麻碱，只要 1 克高纯度的蓖麻毒就可以让 5000 人中毒身亡。但是，蓖麻也有一定的药用价值，它能除风祛湿、拔毒消肿。此外，蓖麻还是一种油料作物。

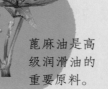

蓖麻油是高级润滑油的重要原料。

同门相残的植物

有的植物不光会对袭击自己的动物释放有毒物质，还会对和自己抢地盘的植物下毒。比如，北美洲的一种黑胡桃树，为了独占生存空间，会往土壤中释放一种化学物质——胡桃醌（kūn）。胡桃醌会毒死一些宽叶草类植物，所以黑胡桃树周围的草很少。

夹竹桃

无论是在公园、小区还是在路边,你都能见到夹竹桃的身影,夹竹桃因为颜值高且对空气净化有帮助,被广泛应用在园林绿化中。长得好看,安全却没保障,怎么办?夹竹桃早就有了防备之心,让自己进化得全身都带有毒素。它的汁液里、树皮里藏有好几种毒素,人或动物若是与之接触,轻则引起皮肤麻痹,重则可导致死亡。

我的叶子像蒜苗,鳞茎像蒜头,但不要误食我,会中毒哦!

水仙的鳞茎

水仙

早在 1000 多年前的中国宋朝,人们就将水仙养在家中作为观赏植物。不过,水仙虽然长得好看,但它的全身都有毒,尤其是鳞茎,含毒素最多。

⚠️

养在身边的毒物

⚠️

毒物云集的茄科家族

茄科植物家族有上百个成员,其中绝大部分都是有毒的。

曼陀罗

这种在全世界范围内都能看到的有毒植物有个十分梦幻的名字——曼陀罗。它的全株都有毒,其中果实的毒性最大,误食后甚至有可能危害生命健康。曼陀罗的主要毒性物质是阿托品、东莨菪(làng dàng)碱等,这两种有毒物质会对神经系统造成一定的危害。

颠茄 **颠茄果实**

颠茄原产于欧洲、北非等地。它全株含有多种有毒的生物碱,只要吃一点点就会有生命危险。颠茄的汁液有散瞳的功效,西欧的贵族妇女曾经用它来放大瞳孔,提高眼部美感。

了不起的中国植物

中国地域辽阔，广袤的土地上生长着丰富多样的植物。全球已知的植物大约有 30 万种，其中有 3.5 万种长在中国，约占世界植物总类的十分之一。不论是衣、食、住、行，还是药用、审美，中国植物都在以各种方式影响着我们的生活。人类和植物的关系，不应是单方面的索取，而应是和谐共生的。

治病救人的"本草"

在中国，古人曾发现有些植物能够治疗病痛，明代的李时珍还专门为这些药用植物撰写了一本书——《本草纲目》。经过几百年的沿用，"本草"已经成为中国古代对药材的总称。

菘蓝

我们感冒时喝的"板蓝根"其实是十字花科植物菘蓝的干燥根，它有清热解毒的功效。

白术

白术是菊科植物白术的干燥根，它是一味补药。

甘草

甘草是豆科植物甘草的根和根状茎，它主要的功效是润肺止咳。

人参

人参是一种多年生草本植物，海拔数百米的落叶阔叶林或针叶阔叶混交林下是它的家。人参的浆果是红色的，不过一般作为药材的是它的根，它的根是圆柱形或纺锤形，上面有一些根须，整体看上去就像一个长胡须的老人，因此被叫作"人参"。

人参的浆果

🌿 探索植物王国 🌿

人参是中国珍稀濒危保护植物。中国古代就有种植人参的记录，当时主要产于山西、河北的太行山一带和东北地区，其中又以山西上党郡的党参品质最好。但是由于过量的采挖和对环境的破坏，到明代的时候，党参已经濒临灭绝。

编织起来的艺术

竹子主要产于中国南方地区，以篾片、篾丝为原材料的竹编工艺，在南方最为发达。竹编选材要求竿直节长、质密柔韧、光洁无斑，因此以慈竹、水竹、南竹、毛竹、淡竹、箬竹等最适宜。竹编工艺通常有破篾片、篾丝、蒸煮、染色、刮修、打光、编结等数道工序。至于编结技法，则种类很多，各地各有不同的传统高招儿。

竹子也是国宝大熊猫的食物之一。

竹编制品在我们日常生活中随处可见。

桑树皮可以用来造纸，用作纺织原料。

桑树

桑叶是蚕的主要食物。

桑树的果实（桑葚），酸甜可口，是很多人喜爱的一种水果。

桑树全身都是宝！

开拓丝路的桑树

蚕桑是丝绸生产的基础，中国人除了有效利用自然界原始的桑树资源外，还根据养蚕业的需要，改良桑树品种，扩大桑园。大约在 2000 多年前的战国时代，就已经出现了新培育的桑树品种。

西汉时期，一条连接中国与地中海各国的道路被打通，丝绸是这条路上最主要的商品，因此这条路被后人称作"丝绸之路"。

神奇的青蒿

1972 年，屠呦呦和同事在青蒿中提取出一种无色结晶体，她们将这种结晶体命名为"青蒿素"，青蒿素对抗击疟疾有特效。经过不断的科研攻坚，屠呦呦团队在抗疟疾研究等方面获得许多新的突破。2015 年，因为发现青蒿素，有效地降低了全世界疟疾患者的死亡率，屠呦呦获得 2015 年诺贝尔生理学或医学奖。

1 蚕吃桑叶。

2 蚕吐丝成蚕茧。

3 水煮蚕茧、缫丝。

4 织成美丽的丝织品。

神奇的东方树叶

中国是茶的故乡。在中国，茶的历史可追溯到远古时期，发展到现在已有好几千年。现在，茶树的品种越来越多，比较有名的如大红袍、竹叶青、铁观音等。中国茶在走向世界后被誉为"神奇的东方树叶"，让我们来看看茶叶小史。

嫩芽

成熟叶

叶柄

从野外到茶园

远古时代

传说，神农在"尝百草"时吃到了毒药，就是靠茶来解毒的。一开始，茶叶并不都是用来泡着喝的，传说在远古时代，人们喜欢把新鲜的茶叶放在嘴里嚼着吃。

春秋战国

这一时期，人们把茶当作一道菜，往茶叶里加葱、陈皮、姜等作料后加水熬成"粥"，据说味道还不错。

秦汉时期

茶叶作为一种饮品被大家熟知。这一时期，还有以茶代酒的记载。

唐朝

到了唐朝，喝茶已经成为潮流，这一时期奠定了中国茶文化的基础。唐朝有位叫陆羽的人，十分爱喝茶，他对茶进行了深入的研究，写下了世界上第一本茶叶专著——《茶经》，陆羽也因此被称为"茶圣"。

当时，很多来唐朝的外国人将茶叶带回自己国家，使茶文化开始向海外传播。

茶马古道

在唐朝，为了满足藏族人民对茶叶的需求，也为了将云南、四川的茶叶运往藏区，同时将藏区的特产如马匹等牲畜输送至内地，一场"以茶换马"的贸易就此产生了。这条充满艰难险峻的贸易之路被称为"茶马古道"。

从枝头到茶杯

❶ 采青

从枝头将嫩叶采下，采下的叶子称"茶青"。

❷ 摊晒

将茶青摊晒，减少叶片水分。

❸ 炒青

利用高温去除多余的水分和鲜叶中的"臭青"味，使叶片变软，方便揉捻。

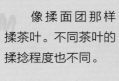

❹ 揉捻

像揉面团那样揉茶叶。不同茶叶的揉捻程度也不同。

❺ 渥（wò）堆

一般茶青的制作流程到揉捻这一步就告一段落了，但是根据发酵程度的不同，有的茶叶还要有一个"渥堆"的过程——将揉捻过的茶青堆积存放，使它们进行另一种发酵，茶叶的颜色会因为氧化而变得深红，这就是我们常说的"普洱茶"。

❻ 筛检

将茶叶进行筛选和挑拣。

藏族的酥油茶、维吾尔族的奶茶等，是少数民族的饮茶习俗。

宋元时期

俗话说"茶兴于唐而盛于宋"，到了宋朝，茶文化更是再一次得到了升华。宋朝人喜欢点茶、斗茶，还将斗茶和插花、挂画、品香并称为"四大雅事"。不过，那时候人们喝的都不是茶叶，而是用茶叶碾成的茶粉。一直到了明朝，才出现了冲泡茶叶的习惯。

清朝至现在

从清朝开始，人们喝茶的方式和现在基本一样。现在，喝茶既可以是一种家常生活，也可以是一种文化体验，大街上也能看到各式各样的茶饮店，中国茶成了世界三大饮料之一（另外两个是可可和咖啡）。

绿茶	**不发酵**	代表：碧螺春、竹叶青、龙井
白茶	**微发酵**	代表：白毫银针、白牡丹
黄茶	**轻发酵**	代表：霍山黄芽、君山银针
青茶	**半发酵**	代表：大红袍、冻顶乌龙、铁观音
红茶	**全发酵**	代表：武夷小种、祁门红茶
黑茶	**后发酵**	代表：安化黑茶、普洱茶

按照发酵程度由低到高划分，茶叶家族可分为绿茶、白茶、黄茶、青茶、红茶和黑茶。

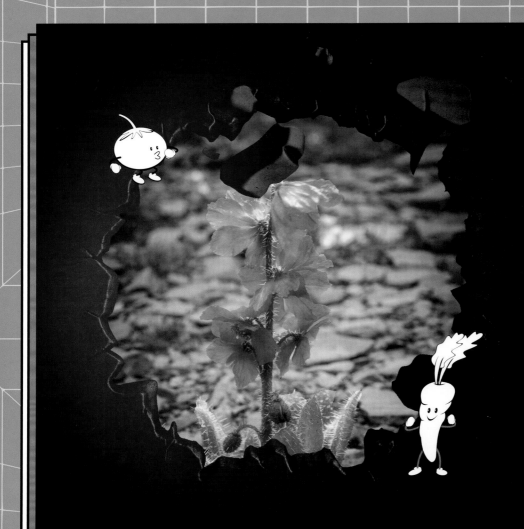

项目统筹：杨　静　　　美术编辑：段　瑶　　　图片提供：视觉中国

文图编辑：卢雅凝　　　封面设计：罗　雷　　　　　　　　站酷海洛

文稿撰写：宫小也　　　版式设计：张大伟　　　　　　　　全景视觉